REMARQUES

SUR

LES REPROCHES

ADRESSÉS A L'ACADÉMIE DES SCIENCES,

A L'OCCASION DE LA QUESTION DES QUARANTAINES
ET SUR LA MARCHE SUIVIE POUR LA SOLUTION
DE CETTE QUESTION.

Miseris succurrere disco.

Une discussion qui s'était élevée l'année dernière devant l'Académie des sciences, entre M. le docteur Chervin et M. Ségur Dupeyron, sur les quarantaines, vient de se renouveler; ce serait, je pense, manquer à la mission que je me suis imposée depuis le commencement de ce siècle, ce serait renier la plus belle cause que l'on puisse défendre, que de rester étranger à cette discussion, que de ne pas chercher à lui imprimer une meilleure direction que celle qu'on lui a donnée.

J'aurais pu aussi, de mon côté, demander à faire de nouvelles lectures devant l'Académie sur ce sujet ; mais, de crainte d'abuser de ses momens, j'ai préféré un autre moyen.

Aussitôt que cette lutte eut commencé, j'annonçai que, d'après la marche suivie, elle ne pouvait nullement conduire au but désiré ; aujourd'hui j'en dis autant de son retour. Ma première annonce ne se réalisa que trop, n'en sera-t-il pas ainsi de la nouvelle ?

Les amis de M. Chervin eux-mêmes, publient que le terrain sur lequel il s'est placé est peu propre à la solution que l'on a en vue. Quelques nouveaux exemples de dépenses qu'il vient de présenter à l'Académie des sciences (séance du 3o juin) ne peuvent rien de plus que les précédens sur le fond de la question, auquel il faut nécessairement en venir, comme je l'ai toujours fait.

Les partisans du système admis se flattent, au contraire, d'avoir l'avantage ; ils se prévalent du point où les choses sont amenées ; quelques-uns vont même jusqu'à présenter la question de la contagion comme décidée par l'affirmative : « enfin, disent-ils, ce n'est plus de cet objet qu'il s'agit, la question est simplifiée ; le seul point en litige, la seule chose à examiner, c'est le préjudice pécuniaire qu'occasionerait l'abandon ou le maintien des mesures adoptées ; ils ajoutent même que le parti le plus sûr, c'est le dernier. »

Si l'on ne sortait pas de la voie où l'on s'est engagé, l'erreur pourrait donc continuer d'exercer son funeste empire ; l'administration paraîtrait *plus que jamais* autorisée à demander des subsides pour le maintien du système admis, et à faire, de la manière la plus rigoureuse, l'application des lois et réglemens en vigueur sur ce sujet.

Voilà où l'on en est avec les principes et les argumens de M. Chervin !

Un autre médecin, qui s'est attribué la double mission de rendre compte des travaux de l'Académie et de les apprécier, M. Al. D...., qui, jusqu'à ce jour s'était peut-être montré le plus zélé partisan de M. Chervin, présente lui-même ce confrère comme s'étant renfermé dans une sphère où il ne peut trouver la solution désirée; cependant, voulant le préconiser, n'importe à quel dépens, c'est à l'Académie des sciences qu'il s'en prend de l'état de stagnation où la question semble devoir rester. Laissons parler ce médecin :

« Voici, dit-il, la grande question des quarantaines revenue encore une fois à l'Institut; je crains bien qu'elle ne soit pas plus heureuse que par le passé et qu'elle ne s'en aille encore comme elle est venue, ou plutôt qu'elle ne reste ensevelie avec ses nombreux documens dans les cartons de la commission ; c'est chose difficile en effet que d'obtenir un jugement d'un corps savant qui semble pourtant institué pour prononcer dans les débats scientifiques; n'en est-il pas de même de toutes les questions que l'on vient soumettre à l'Académie ? Quelle est celle dont l'Institut puisse se vanter d'avoir donné une solution bien franche et bien complète après mûr examen ? Nous voyons souvent des auteurs s'adresser avec confiance à ce corps savant, comme à un tribunal suprême, pour lui poser des questions, lui soumettre des difficultés, lui demander un jugement sur un point contesté, le prier de se prononcer entre deux opinions; mais la réponse de ce tribunal, le jugement nous l'entendons rarement ».

« Il est vrai qu'il n'est pas toujours facile de prendre un parti sur une question nouvelle, importante, soutenue dans un sens contraire par des autorités différentes; nous concevons toutes les difficultés qui environnent dans ce cas MM. les membres des diverses commissions, et nous serions les premiers à leur en tenir compte, si nous les voyons au moins s'oc cuper des travaux qu'on leur apporte, discuter les documens, les soumettre à l'épreuve d'expériences propres à résoudre le problême; mais il n'en est pas ainsi, et la haute considération que nous avons pour les illustrations de l'Académie ne peut nous empêcher de dire la verité: la vérité est donc que l'Académie des Sciences reçoit avec la plus grande complaisance, tout ce qu'on lui envoie, qu'elle entend avec une admirable patience tout ce qu'on vient lui lire, qu'elle ne refuse aucun auteur, et qu'elle consacre religieusement ses deux heures par semaine à la lecture des mémoires qu'on lui apporte, qu'elle y met la plus délicate impartialité et qu'elle ne fait acception de personne; mais, passé cela, il ne faut pas lui demander d'approfondir les questions qui lui sont soumises et d'éclairer le public par un jugement prononcé en connaissance de cause. Plus la question est importante, plus elle intéresse la société, plus il faudrait, en un mot, de persévérance et de courage pour l'éclairer et pour se prononcer entre des savans d'opinion contraire, plus l'Académie garde obstinément le silence. Personne n'aime moins à se compromettre que ce corps savant, et il a peut-être raison ; mais il ne faudrait pourtant pas que sa prudence allât jusqu'à la négligence et à la faiblesse, jusqu'à ne pas oser dire son avis ou á donner à peu près raison á deux opinions tout-à-fait opposées, comme cela est arrivé. »

« L'Académie des Sciences est, de l'avis de tout le monde, le seul corps savant vraiment utile aujourd'hui, elle devrait prendre plus de soin qu'elle ne fait de la bonne opinion que l'on a d'elle et soutenir son éclat et sa dignité par l'importance de ses arrêts. Si l'Académie n'y prend garde, si elle met autant d'indifférence à écouter, sans se donner la peine de juger, elle descendra peu à peu de sa position élevée et elle ne sera plus qu'un simple bureau d'annonces que les spéculateurs de la science exploiteront à leur profit ».

« Parmi les nombreuses questions que l'Académie laisse dormir dans ses cartons, celle des quarantaines est l'une des plus importantes qui puissent fixer son attention. Telle qu'on l'a posée depuis quelque temps, cette question est, il est vrai, peu scientifique, puisqu'il ne s'agit plus de prouver que telle maladie n'est point contagieuse, et qu'il est inutile de prendre tant de précautions pour se préserver d'une épidémie dont notre climat nous met á l'abri ; on a placé cette question sur un autre terrain. »

Mais, peut-on dire á son tour, le tort est-il , comme le fait entendre M. D., tout entier du côté de l'Académie des sciences ? N'est il pas précisément surtout du côté de médecins qui, comme lui, dénaturent tout; qui, comme lui, cherchent réellement à étouffer, à *ensevelir* la vérité par toute sorte de moyens; qui tendent à la faire croire où elle ne se trouve pas, et qui empêchent ainsi de la chercher où elle se trouve?

L'Académie des sciences n'a-t-elle pas fait preuve de zèle et de bon vouloir, du moins pour M. Chervin, en entendant la lecture de longs mémoires, dont un seul l'a occupée à trois séances consécutives, et qui, selon M. D., ne peuvent mener à rien de satisfaisant. Je dirai plus : l'Académie a prononcé, comme j'ai déjà eu plusieurs fois occasion de le faire remarquer; seulement ce n'est pas d'après les documens de l'ami de M. D., mais bien d'après ceux d'un autre médecin.

Par ce que je vais rapporter, on reconnaîtra peut-être une des causes de l'état de choses dont se plaint

M. D...; peut-'tre aussi remarquera-t-on qu'elle se trouve ailleurs que dans l'Académie des sciences.

Il y a quelque temps M. D... me demanda *pourquoi* on ne faisait pas de rapport sur mes documens, ajoutant que c'était une chose juste et nécessaire, et par conséquent un devoir. J'eus à lui faire et je lui fis cette réponse :

« Quelques-uns des savans dont on attend ce rapport m'ont dit : « Nous reconnaissons que vous avez la raison et le bon droit de votre côté; nous reconnaissons que vous avez fait plus que qui que ce soit, etc., etc.; mais si nous voulions vous rendre hautement justice, aussitôt un t... de p.... s'éleveraient contre nous, et nous ne pouvons nous engager dans la lutte qu'il faudrait soutenir. »

Comme on voit, le zèle de l'Académie des sciences est réellement enchaîné, jusqu'à un certain point, par la crainte d'être en butte aux effets de la passion et de l'ignorance, ou des deux à la fois. Voilà comment, après un demi-siècle de travaux et de sacrifices, comment, tout en ayant déjà gagné beaucoup de terrain sur l'erreur, je ne laisse pas d'être encore obligé de soutenir moi-même, SEUL, cette lutte, n'étant nullement disposé à abandonner une cause aussi belle et aussi importante; voilà comment j'éprouve tant de contrariétés, d'obstacles et de préjudices !!!

Par le jugement que j'ai rappelé, on reconnaît et proclame que les faits déjà recueillis par moi et consignés dans mon ouvrage de 1819, justifient pleinement l'opinion émise (*par moi également alors, et par moi seul, pour toutes les dénominations*), que les maladies épidémiques citées dans l'ouvrage indiqué ne sont pas produites par la contagion. Or, quelle solution plus *franche* et plus *complète* peut-on demander? je ne le vois pas, à moins que les mots ne puissent changer d'acception à volonté. Quand, en effet, aura-t-on une solution quelconque, si l'on ne trouve pas ici celle que l'on désire, ou du moins celle que l'on doit désirer? A qui la faute si cette solution n'est pas reconnue généralement et proclamée comme satisfaisant à tous les vœux, si ce n'est surtout à ce t. de p. dont veulent parler les hommes les plus recommandables par leur zèle et leurs lumières? A quoi attribuer cet état de choses, ci ce n'est au silence calculé de certains détracteurs sur certains points, sur certains faits, sur certains documens qu'on pourrait faire valoir; si ce n'est aussi à ce que, s'ils parlent, c'est pour ne faire qu'un vain bruit, ou pour tout dénaturer et pour dénigrer les hommes les plus réellement capables de mettre la vérité dans tout son jour, comme j'ai pu le faire partout où j'ai pu être entendu, partout où il ne s'est pas trouvé des D., des C., des P. et des B. pour donner le change, pour étouffer toute vérité, en abusant de missions, de places ou de récompenses qui ne devraient être accordées qu'à des hommes d'une science profonde, d'une expérience consommée, d'une probité et par conséquent d'une impartialité à toute épreuve; et non à des hommes d'une présomption aveugle, qui n'ont rien de sacré, qui n'ont d'autre règle que la camaraderie ou leur propre intérêt, et qui parlent d'autant plus volontiers de certains points de doctrine, qu'ils les connaissent moins !!!

J'ai fait remarquer ailleurs que le jugement de l'Académie des sciences sur les milliers de faits que j'ai recueillis, s'applique à toutes les maladies pretendues contagieuses, dites typhoïdes, de manière que, d'après ce jugement, il ne peut plus y avoir, pour le maintien des lois dites sanitaires, de motifs tirés de la nature du mal, ni de ses causes. J'ai fait voir en second lieu que ce jugement est justifié par les faits

mêmes sur lesquels il porte, les faits étant la vérité
en action; et que, s'il eut eu besoin d'être confirmé,
il l'aurait été par celui de l'académie temporaire que
j'ai formée sur le théâtre même de la plus grande
épidémie de ces derniers temps, etc., etc., etc.

Si, dans cette grande affaire, quelques corps savans
méritent des reproches, du moins ce n'est nullement
à M. D... qu'il convient de les leur adresser; je
pourrais aisément prouver qu'il n'est personne qui
en mérite plus que lui.

Tout le monde reconnaît l'importance de la question; ne doit-on pas reconnaître également combien
il importe de suivre la route la plus sûre et la plus
courte pour arriver à la solution?

Qui que ce soit, pas même M. Ségur Dupeyron,
ne conteste les inconvéniens des mesures dites sanitaires; mais qui que ce soit, non plus, il me semble,
pas même M. Chervin, n'a encore reconnu jusqu'où
vont ces inconvéniens. Loin de chercher à atténuer
ce qu'il dit à cet égard, je crois pouvoir avancer que
ses calculs sont infiniment au-dessous de la réalité; il
ne parle que de quelques millions, tandis qu'il s'agit
de quelques milliards, et à ce genre de calamité, il
faut en ajouter d'autres dont il paraît reconnaître
moins encore toute l'étendue.

D'après l'état où M. Chervin, se servant d'erreurs
généralement répandues, a amené ou maintenu les
choses, l'administration est dispensée de faire beaucoup d'efforts pour résister aux attaques qu'il dirige
contre les quarantaines; il lui suffit de dire à ce médecin et à ses amis : « Vous ne parlez que de préjudices pécuniaires, et, si la contagion existe réellement, l'abandon des mesures sanitaires adoptées en
entraînerait d'un autre genre bien plus grave, et
même, dans cette hypothèse, les premiers seraient
plus considérables encore que vous ne le trouvez. Or,

vous êtes loin, vous du moins, d'avoir démontré que cette cause n'existe pas dans ce que l'on appelle peste, typhus, etc., etc. ; vous avez, au contraire, fait entendre clairement, dans un certain écrit, que vous l'admettiez dans ces prétendues affections distinctes (p. 3o de votre brochure intitulée : *Nouvelles Opinions de M. le docteur* Lassis). Vous êtes allé jusqu'à déclarer que les pièces présentées par vous aux académiés des sciences et de médecine de Paris, ne suffisent pas pour décider la question, c'est-à-dire pour prouver cette non contagion même par rapport à ce que vous appelez fièvre jaune. (Voir votre écrit contre M. de Boisbertrand). A la vérité, vous avez promis, il y a huit à dix ans, de nous donner cinq a six volumes sur ce dernier point ; mais ces volumes semblent être encore dans vos CARTONS; du moins vous n'en faites nulle mention, et il n'est pas probable qu'ils paraissent, vous savez trop bien calculer pour en faire les frais; ils porteraient à faux : le nom auquel vous avez attaché tous vos travaux étant usé, étant tombé en désuétude, selon ee qu'a annoncé un de vos confrères dans le cas de prononcer sur ce sujet. Pour céder aux vœux que vous exprimez aujourd'hui, il faudrait donc aller contre vos principes et votre langage d'hier ! ! ! Selon ce langage et ces principes, nous pourrions être forcés de solliciter le maintien des lois sanitaires, au lieu de songer à les faire rapporter. »

Ce serait se tromper de me supposer mu par quelque passion, autre que celle du bien. Mon mobile, en effet, est le même que celui qui me fit agir dès que j'eus recueillis des faits importans par leur nature et par leur nombre ; mes vues alors, comme depuis, furent la connaissance de la vérité et son triomphe le plus prompt possible. Or, telles sont encore celles d'aujourd'hui; mes efforts ne tendent qu'à ramener la question ou à la maintenir sur le terrain où je l'ai mise depuis long-temps, et dont malheureusement on l'a détournée de beaucoup. Je veux bien faire abnégation de moi-même; mais je ne puis faire également abnégation de mes doctrines, vers lesquelles viennent journellement se ranger de nouveaux adeptes, qui les trouvent enfin si bien fondées, que, pour la plupart, ils voudraient paraître les avoir toujours professées, plutôt que de s'en être toujours, jusqu'à ce moment, montrés les adversaires.

Malgré ces progrès vers la vérité, je ne vois aucun de mes confrères se présenter pour la soutenir avec cet ensemble de vues, de faits, d'argumens et de données propres à mener d'un pas rapide et assuré à une bonne solution, et parconséquent fait pour commander la conviction, pour écarter toute erreur et tout subterfuge. Je dirai même que depuis 1814 il a toujours dû en être ainsi, parce que dèslors la place a été prise. Je vais le prouver, je crois, par ce qui suit :

On peut arriver à la solution de la question qui est ici la principale, celle de la contagion, par deux voies : la connaissance de la nature du mal et celle des causes. Pour le premier point, *la connaissance de la nature du mal*, j'ai recueilli et comparé les simptômes observés pendant la vie et les altérations morbides trouvées après la mort sous toutes les dénominations, dont le nombre va à des centaines et même à des milliers; j'ai vu que, sous chacune de ces dénominations, on retrouvait absolument et les mêmes symptômes et les mêmes altérations. Il y a donc identité parfaite entre toutes les affections auxquelles on les a appliquées; donc aussi les unes étant, comme elles le sont effectivement, reconnues pour n'être pas contagieuses, les autres ne le sont pas non plus. Voilà donc, dirai-je encore, la question de la contagion résolue par la négative.

On peut reconnaître également la vérité en employant la voie de l'analyse et en ayant égard aux idées reçues. Que l'on distingue, en effet, comme on le peut et comme on le doit, pour avoir des idées exactes sur le point en question, que l'on sépare, dis-je, l'état de trouble, l'ataxie, appelé fièvre, des autres affections qui l'ont précédé, suivi ou accompagné, et que l'on réfléchisse un instant sur la nature de cet état, on remarquera aisément que la contagion ne peut y résider, puisque ce n'est point une substance, et qu'il ne peut offrir aucune émanation. Restent les affections primitives, concomitantes ou consécutives de ce même état; eh bien ! il n'en est aucune qui ne se présente journellement et qui ne passe ordinairement pour n'être pas contagieuse. Si, à certaines époques et dans certaines circonstances, on se met à parler contagion, à l'occasion de l'une ou de l'autre, ce n'est que d'après les idées de quelques médicastres, et quelquefois même d'après des propos de gens absolument étrangers à la science. Jamais d'autres contagions que celle de l'ignorance d'abord, puis celle de la peur ensuite. Voilà les seules, les vraies contagions dans le cas d'affections contre lesquelles sont dirigées les quarantaines. Malheureusement ces contagions ne sont que trop réelles. Rien, a-t-on dit en effet et avec raison, n'est plus contagieux que la peur; comme rien de plus extravagant, ni de plus funeste que ce qu'elle suggère ordinairement, surtout en pareille circonstance; et toutes les mesures dites sanitaires ne peuvent que favoriser ces contagions ! Voilà ce que l'on doit et ce que l'on peut facilement démontrer ! voilà quel doit être le seul et unique objet de la discussion actuelle !

Ainsi, à ne considérer les choses que du côté de la nature du mal seulement, un médecin éclairé, judicieux, expérimenté, ne peut admettre la cause occulte, cause dont l'opinion ne s'est répandue et n'a porté au système dit sanitaire adopté, que depuis l'expédition de Charles VIII dans le royaume de Naples, pendant laquelle on a confondu les maladies dites aujourd'hui typhoïdes, avec la siphilis, *et vice versá*; de manière que l'on attribua à celles-ci le caractère contagieux de la siphilis, et à la siphilis les symptômes graves des premières affections. Ce n'est donc point, soit dit en passant, à un pape que l'on doit l'origine du systéme de la contagion, comme on l'a avancé pour flatter certaines idées et certaines passions, ou pour favoriser certain système.

Par le moyen que je viens d'indiquer, par la voie que je viens de suivre, on arrive donc sûrement et nécessairement à la solution tant desirée; et je pourrais abandonner ce moyen pour m'en tenir à la considération des causes.

En prenant les choses de ce côté, *les causes*, il ne suffit pas non plus d'examiner seulement quelques faits épars, il faut aussi embrasser du même coup d'œil les faits de tous les temps, de tous les lieux et de toutes les circonstances. Procédant de cette manière, on voit que, si quelquefois il y eut des apparences de contagion, jamais il n'y eut autre chose; on voit que la réalité a toujours été pour la non contagion, et qu'elle y a été avec la plus grande évidence.

Pour examiner ainsi tous les faits, il fallait les recueillir; il s'agissait en cela de remplir une lacune immense; car on n'avait que de simples fragmens, tout était disséminé et enfoui; si quelques médecins avaient rassemblé quelques faits, ils ne les avaient attachés qu'à une seule dénomination. D'après cela, l'erreur, eut-elle été renversée sous cette dénomination, pouvait aisément, comme elle le fait encore précisément aujourd'hui, se refugier sous une autre. Or, cette lacune est, j'ose le dire, effectivement *remplie*. Désormais tout ce que l'on pourrait faire serait donc de surérogation; tous les faits, je dis *tous*, sont recueillis, mis en ordre et appliqués, dans autant de Mémoires particuliers, notamment dans mon ouvrage de 1819, à chacune des grandes questions agitées et à toutes celles qui s'y rattachent; toutes ces questions sont traitées à fond.

Aujourd'hui, à l'aide de ces faits (*tout recueillis*), tout médecin judicieux, exempt d'idées préconçues, versé dans les connaissances fondamentales de la médecine, dans l'histoire des maladies de tous les temps et de tous les lieux, qui a étudié la nature, surtout au lit des malades, ce médecin peut planer, pour ainsi dire, sur tous les points en litige, la vérité peut lui apparaître sans aucune espèce de nuage.

Que demanderait-on de plus que ce qui vient d'être exposé. Parlerait-on de recueillir tous les faits, comme on vient de voir, la chose est exécutée et l'est depuis long-temps (1814); je me suis tout appropriée pour la nature du mal et pour les causes; il ne peut rien rester que ce que j'ai cru absolument inutile. On ne pourrait donc faire autrement que moi, qu'en faisant mal, qu'en ne faisant rien que d'incomplet; ce qui pourrait paraître manquer sur un point se retrouve au centuple sur un autre; il y a plutôt surabondance que défaut.

Mon ouvrage de 1819, ou plutôt l'exposé rapide des faits (car c'en est un tissu) appliqués dans ce même ouvrage à chacune des questions agitées, avec les développemens nécessaires; cet ouvrage, dis-je, est maintenant précédé d'un nouvel écrit soumis à l'impression dès 1821, où, parlant de ce qui se présentait à Barcelone avant de me rendre sur le théâtre du mal, j'ai fait voir que, d'après le passé bien connu, on peut juger du présent et de l'avenir, et que par-conséquent, dès-lors, aucune nouvelle recherche n'eût été nécessaire, si l'on eût voulu tenir compte de ce qu'il y avait déjà dé fait. Depuis mon retour, j'ai joint à ce même ouvrage : 1° l'exposé des résultats du congrès médical indiqué; 2° celui des nouveaux résultats que j'ai obtenus en divers autres pays ; 3° la liste de mémoires où je donne de nouveau, sur tous les points relatifs à la nature du mal et à ses causes, de grands développemens ; tout est ainsi rassemblé dans un seul et même volume.

Voilà donc, je crois, un monument élevé à la science ; monument que rien ne peut renverser, puisqu'il est assis et appuyé sur les bases les plus solides, les faits (la vérité en action) ; puisque la nature est immuable. Plus de dix mille écrits récens sont venus tomber à côté de ce faisceau, de cette masse, de cet ensemble de faits. Ce même ouvrage n'eut pas sitôt paru qu'il fut traduit chez les étrangers, pour devenir un des principaux objets de leurs méditations, comme ne laissant rien à désirer.

Attendrait-on le jugement du premier corps savant ? mais j'ai fait voir que ce jugement a été porté et confirmé. C'est donc encore une chose faite.

Parlerait-on d'un congrés médical, voie si utile, si nécessaire, dont l'idée était si naturelle ? Mais où et quand pourrait-on en obtenir un plus compétent et plus imposant que celui qui s'est effectué, d'après ma proposition, sur le théâtre et au moment d'une des plus grandes épidémies qui aient régné, qui est même la plus grande de ces derniers temps ?

En 1825, on a cru nécessaires des sommes énormes (on a, je crois, parlé de trésors) pour la recherche de la vérité, même sur un seul point et sous une seule dénomination. Cette recherche est toute faite sur tous les points et sous toutes les dénominations. Que ces sommes, ces trésors soient donnés à d'autres, je ne puis, ni ne veux m'y opposer ; mais que du moins la vérité vienne enfin prendre la place de l'erreur. Assez et trop long-temps sans doute celle-ci a exercé son empire ! des milliards de perdus ou dépensés, 50 à 60,000,000 de victimes enlevées en peu d'années à leur famille, après des souffrances plus ou moins violentes ; n'est - ce point assez en effet ?

Un homme, un médecin très-éclairé et très-judicieux, m'a dit, il y a quelque temps, que, quand je serai *mort* on me rendra justice, que l'on proclamera hautement les vérités que je soutiens ; mais est-il réellement bien nécessaire que je me fasse enterrer pour cet objet ? Le paiement de ce dernier tribut ne peut sans doute tarder encore beaucoup pour moi ; mais pourquoi l'attendre, si pendant le délai l'humanité souffre ? j'ai assez bonne opinion de mes confrères pour penser qu'ils ne voudront pas mettre cette condition à l'accomplissement de mes vœux.

Dès ce moment l'humanité pourrait se féliciter d'un grand triomphe sur quelques-unes des erreurs les plus funestes qui aient régné, et ce triomphe peut être dû à notre pays ! peut-on repousser cet avantage ?

M. Chervin, voulant aujourd'hui que l'on supprime les *quarantaines*, ou du moins qu'on les restreigne beaucoup, doit déplorer d'avoir tout fait, en se servant des erreurs généralement répandues, pour empêcher l'examen de mes documens qui offrent à la fois toutes les preuves possibles de l'inutilité et des inconvéniens de ces mesures. Il ne doit pas ignorer qu'elles sont établies surtout contre ce que l'on appelle *peste*, et même contre ce que l'on appelle *choléra*, et qu'on est loin d'avoir indiqué en quoi ces prétendues maladies distinctes diffèrent de ce que l'on appelle *fièvre jaune*, etc; en sorte que, eût-on reconnu la non contagion de celle-ci (ce que lui-même déclare ne pas pouvoir prouver), on ne serait pas en droit de demander la cessation des mesures adoptées. Il ne faut pas oublier que, se croyant intéressé à cette déclaration, il a dit ne s'être nullement occupé, lui, d'autre chose que de cette *fièvre jaune*, comme il a fait remarquer lui-même également, que je me suis occupé, moi, non-seulement de cette prétendue maladie distinctive, mais encore de toutes les autres qui ont plus ou moins de traits de ressemblance avec elle.

Je dois également placer ici cette observation :

Plusieurs journaux parlent maintenant de nouvelles doctrines adoptées par M. le professeur Chomel, sur la nature de ce qu'on appelle les fièvres, à l'occasion d'un nouvel écrit, où ces doctrines sont émises. On accorde à ce savant médecin des éloges que, en mon particulier, je crois bien méritées; mais il est peut-être bon de savoir que précisément je lui ai communiqué ces doctrines à une époque où il en paraissait encore éloigné, en parlant de mes travaux et des siens sur ce sujet important.

Ces mêmes doctrines communiquées par moi à diverses sociétés savantes, sont au nombre des motifs de mes instances souvent réitérées depuis 1814, pour l'examen de mes divers travaux,

Si nous différons, M. Chomel et moi, en quelque chose sur ce point, c'est parce que ce professeur justement estimé, ne s'est pas entièrement soustrait à l'empire de certaines idées erronées généralement admises jusqu'à ces derniers temps. L'examen de mes documens mettrait en effet dans le cas de rendre à chacun ce qui lui appartient: *suum cuique*. M. Chomel est certainement assez riche de son propre fond pour n'avoir rien à envier à qui que ce soit.

LASSIS,

*Fondateur du Congrès médical
de Barcelone.*

Paris, le 1ᵉʳ juillet 1834.

Imprimerie de Sétier, rue de Grenelle-Saint-Honoré n. 29.